AF322470

SIMPLES OBSERVATIONS

SUR

CAUTERETS ET SES EAUX

PAR

LE DOCTEUR BONNET DE MALHERBE,

Médecin aux Eaux de Cauterets,
Ex-Inspecteur des Établissements d'Eaux minérales de Bagnères et de Paris,
Chevalier de la Légion d'honneur
et de l'Ordre royal de Charles III d'Espagne.

CAUTERETS,

CHEZ TOUS LES LIBRAIRES.

1861

Depuis sept années que nous concourons à diriger
les malades dans l'usage des Eaux de Cauterets, nous
avons eu plusieurs fois la tentation de livrer à la
publicité les résultats de notre pratique et l'expres-
sion de nos opinions personnelles sur le mode d'application et d'action de ces eaux ; mais les divers
problèmes que soulèvent ces questions sont d'une
solution si ardue, la tâche de copier les autres est si
peu attrayante, la difficulté de dire quelque chose de
nouveau est si grande, que notre projet a toujours été
ajourné et que nous ne comprenons que trop aujour-
d'hui le silence d'hommes qui, pendant trente ans,
ont exercé la médecine dans les établissements thermaux des Pyrénées, comme nos anciens collègues
Darralde, Buron père et Pagès.

Si quelques amis trop bienveillants qui nous ont
fait un reproche de notre silence, étaient tentés de
nous accuser de paresse, nous leur dirions qu'il vaut
mieux, en matière pareille, pécher par excès de lenteur que par excès de précipitation.

Mais, en dehors des questions exclusivement scien-
tifiques, il en est d'autres qui, sans sortir du sujet
spécial dont nous nous occupons, ont plutôt un carac-

tère administratif et sur lesquelles a également porté notre constante sollicitude.

Plus d'une fois nous avons eu l'occasion d'exprimer à ce sujet nos opinions dans la presse locale, ou de les soumettre officieusement à l'Administration. Mais la lenteur des progrès, les espérances trop souvent déçues, l'urgence de promptes solutions, nous ont engagé à publier les réflexions qui suivent, heureux si elles avaient pour résultat de hâter les réformes que nous appelons depuis longtemps de tous nos vœux et dont l'ajournement beaucoup trop prolongé compromet de graves et nombreux intérêts.

Amicus Plato, sed magis amica veritas.

Platon, ce sera, si vous le voulez, Cauterets, de peur que vos suppositions ne s'égarent et que vous ne songiez au sous-préfet de l'arrondissement ou à tout autre fonctionnaire. Cauterets, en effet, a toutes nos affections, et, si l'on pouvait en douter, nos intérêts répondraient au besoin de nos sentiments. Mais ces intérêts nous semblent mieux servis, ces sentiments nous semblent mieux traduits par la vérité, sincèrement et même un peu rudement exprimée, que par cet optimisme banal qui se complaît dans l'admiration de la routine, et ne rend de services à personne, pas même à ceux qui en font quelquefois la triste spéculation.

Si l'on compare Cauterets, tel qu'il est aujourd'hui, à ce qu'il était il y a trente ans, alors que la source depuis longtemps célèbre de la *Raillère* était exploitée dans une misérable bicoque, que les sources de *César* et des *Espagnols* n'avaient pour refuge que quelques baraques en planches, que l'on ne pouvait aller à la Raillère que dans ces misérables chaises à porteur dont nous avons encore de tristes échantillons, que l'on n'avait pour promenade que la route poudreuse de Pierrefitte, — sans doute on trouvera que le progrès est considérable. Mais, si l'on veut bien examiner tout ce qui reste à faire, toutes les améliorations d'un intérêt urgent qui devraient être depuis longtemps accomplies ; si l'on remarque avec quelle rapidité le progrès s'est fait dans deux établissements rivaux, Luchon et les Eaux-Bonnes, on ne pourra s'empêcher de trouver que Cauterets a marché bien lentement et a perdu bien du temps.

Le principal motif de cette marche si lente dans le progrès a été plusieurs fois expliqué, par nous-même, dans quelques articles que nous rappelions tout à l'heure, et par deux personnes de ce pays, MM. Eug. Danos et Broca fils, dont le journal du département publia, il y a deux ans, les observations pleines d'à-propos et de justesse.

Ce motif, ce sont les conditions qui régissent la propriété des établissements thermaux de Cauterets, et le mode d'administration dont elles créent la nécessité.

En effet, appartenant, avant la révolution de 89, à la riche abbaye de Saint-Savin, les eaux de Cauterets sont aujourd'hui la propriété indivise de *sept communes*, représentées chacune par un délégué et constituant un syndicat qui fonctionne ou ne fonctionne pas, sous la présidence de l'un de ses membres. De cet état de choses surgit cette conséquence bizarre que, sur la population totale de ces sept communes, qui était, en 1859, de 3,397 habitants, Cauterets, qui en compte à lui seul 1376, Cauterets, dans lequel se personnifient tous les intérêts qui se rattachent à l'industrie thermale, n'a qu'une voix dans le syndicat, comme la commune d'Uz, qui ne compte que 74 habitants, parmi lesquels ce serait un grand hasard s'il s'en trouvait un seul qui comprît ce problème si complexe de l'exploitation des établissements thermaux, et qui ont cependant assez d'intelligence pour comprendre que cette question les intéresse fort peu.

Aussi toutes les personnes qui ont un peu étudié ce

sujet ont-elles promptement reconnu que, tant qu'il en serait ainsi, il serait bien difficile de tirer Cauterets de l'ornière où il est embourbé. L'administrateur intelligent qui a été, pendant plusieurs années, placé à la tête du département des Hautes-Pyrénées, nous voulons parler de M. Massy, avait merveilleusement compris que l'industrie des établissements thermaux était une des principales richesses de ce pays, et que le moyen le plus efficace de lui donner tout le développement dont elle est suceptible était de faire ce qui a été fait pour Vichy et Plombières, de concéder, par bail à long terme, l'exploitation de ces établissements à une compagnie fermière. Comme mesure préalable, importante pour fixer d'une manière certaine le produit des établissements de Cauterets, il avait institué, non sans rencontrer beaucoup d'opposition, le système de la régie qui est certainement un progrès sur l'ancien état de choses, et il avait obtenu du Conseil général le vote d'une subvention importante pour la compagnie qui se présenterait. Malheureusement, les circonstances difficiles que nous avons traversées depuis quelques années et qui sont venues ralentir le mouvement des affaires, et, disons-le, le peu de concours que M. Massy a trouvé autour de lui, n'ont pas permis jusqu'à présent de résoudre le problème, et tandis que Luchon, sous l'active impulsion d'une administration intelligente, marche à pas de géant ; tandis que les Eaux-Bonnes, récemment émues par de vives compétitions, n'ont que l'embarras du choix et trouvent de magnifiques conditions pour leur ferme, Cauterets reste invariablement livré au régime stérile et impuissant du syndicat.

Nous sommes d'autant plus à notre aise pour appeler de tous nos vœux la fin de ce régime, pour apprécier avec une juste sévérité les vices de cette institution, que les questions de personnes se trouvent ainsi complètement dégagées et que nous pouvons librement signaler le mal, tout en rendant justice aux intentions. Il ne nous en coûtera même nullement de reconnaître que, depuis quelques temps, l'administration syndicale semble un peu plus préoccupée des besoins des établissements thermaux que par le passé, que des travaux importants ont été récemment effectués et que quelques améliorations se sont, bien qu'un peu péniblement, accomplies.

Ainsi les importantes sources *des OEufs*, qui jusqu'à ce jour n'avaient servi qu'à augmenter un peu le cours du Gave, ont été soigneusement captées et conduites à une certaine distance de leur point d'émergence ; après une dizaine d'années d'incessantes et inutiles réclamations, on s'est enfin décidé à faire fournir par les établissements le linge de bain, et, bien que ce service laisse encore beaucoup à désirer, il faut reconnaître qu'il y a progrès. L'arrosage de la route de la Raillère, auquel nous attachons beaucoup d'importance et dont nous sommes heureux de pouvoir revendiquer la paternité, est fait avec beaucoup plus de soin.

Mais, nous ne saurions trop le répéter, avec l'institution du syndicat, les choses ne peuvent marcher que bien lentement, les grands travaux, comme toutes les questions de détail que comporte la bonne exploitation des établissements thermaux, ne peuvent pas être menés à bonne fin, et il faut se préoccuper d'arriver au plus vite à une autre solution.

La meilleure serait sans contredit l'exploitation par une compagnie à laquelle serait faite une concession à long terme, qui serait liée par un cahier de charges soigneusement étudié et qui devrait pourvoir à l'exécution de plusieurs améliorations importantes, entre autres d'un *Casino* dont l'absence crée pour Cauterets une lacune si regrettable. Ce serait la combinaison la plus favorable pour les intérêts généraux et elle ne présenterait, suivant nous, aucun des inconvénients pour les intérêts particuliors que quelques personnes redoutent.

De cette façon, Cauterets faisant valoir ses droits incontestables à une répartition plus équitable que celle qui existe aujourd'hui, droits dont il a pu ajourner la revendication, mais qu'il n'entend point laisser prescrire, Cauterets, mis en possession du tiers au moins des produits de la ferme, si la répartition était, comme elle doit l'être, proportionnelle à la population, Cauterets en qui se personnifient et se résument presque tous les intérêts qui se rattachent à l'industrie thermale, pourrait enfin pourvoir à toutes les améliorations dont il a besoin et dont nous signalerons rapidement quelques-unes.

Malheureusement, les espérances conçues il y a longtemps déjà, les désirs si souvent exprimés par le préfet dont nous rappelions l'intelligente initiative, le vote favorable qu'il avait, à plusieurs reprises, obtenu du conseil général, l'appât d'une importante subvention, tout a été inutile, aucun concessionnaire ne s'est présenté, et personne ne peut dire si un avenir prochain nous réserve plus de succès.

Dans cette situation et, comme il y a eu malheureusement déjà trop de temps de perdu, ce qu'il y aurait peut-être de mieux à faire, si personne ne se présente pour la concession, ce serait d'avoir recours au moyen proposé, il y a deux ans, par M. Eugène Danos, l'aliénation amiable au bénéfice de Cauterets qui paierait une redevance annuelle aux autres communes. De cette façon disparaîtrait peut-être cet étrange cercle vicieux dans lequel on tourne constamment, lorsqu'il est question de quelque amélioration, cette triste émulation d'impuissance qui existe entre la commune de Cauterets et ce qu'on appelle ici *La Vallée.*

En effet, bien que l'administration municipale de Cauterets ne nous semble pas à l'abri de tout reproche, il faut convenir que l'exiguïté de ses ressources, l'absence complète de tout dividende dans le produit des établissements thermaux qui, depuis plusieurs années, a toujours été absorbé par des travaux dans lesquels les fouilles ont occupé une trop grande place, cette trop bonne raison enfin de l'absence des voies et moyens, démontre surabondamment la nécessité de sortir au plus tôt d'une situation qui compromet si sérieusement la propriété de nos établissements thermaux et celle de tous les intérêts généraux ou particuliers qui s'y rattachent.

Une prompte solution est d'autant plus nécessaire qu'il faut songer à tirer partie le plus tôt possible de cette magnifique source *des OEufs* que l'on s'est enfin décidé à capter, et qui convenablement aménagée, peut fournir à Cauterets de nouvelles et importantes ressources. L'immense concours de baigneurs que nous avons cette année, la grande difficulté que l'on éprouve à obtenir des bains à des heures convenables, prouvent surabondamment de quel secours serait le nouvel établissement qui ne peut pas être plus longtemps différé, et, à ce propos, qu'il nous soit permis de dire que l'administration syndicale aurait bien mieux employé son temps et son argent en tirant parti de cette richesse thermale fournie par les sources des OEufs et non encore utilisée, qu'en apportant d'inutiles entraves, par des démarches malencontreuses, par des fouilles inopportunes et dispendieuses, à la libre exploitation de la source du *Rocher*, qui déjà nous est d'un grand secours et nous permettra bientôt de compter un important établissement de plus.

En attendant cette solution que nous appelons de tous nos vœux et qui permettra de pourvoir rapidement et complétement à tous les besoins, nous nous bornerons à soumettre à l'administration municipale de Cauterets et à l'administration syndicale de La Vallée, quelques observations que nous ne formulons pas pour la première fois et dont l'insuccès ne nous décourage pas.

Il n'est que trop vrai que l'état de choses que nous venons de signaler, que l'exiguïté des ressources dont la commune de Cauterets dispose, sont un obstacle permanent à beaucoup d'améliorations dont le besoin se fait vivement sentir. Cependant, si les intérêts de Cauterets eussent été mieux compris, si son administration eût été dirigée avec plus de suite et avec plus d'intelligence, plusieurs choses qui se sont faites auraient été empêchées, d'autres auxquelles on n'a jamais paru songer se seraient accomplies.

Ainsi, comment se fait-il qu'on ait attendu jusqu'à ces derniers temps pour faire un plan d'alignement, et qu'on ait laissé construire une maison qui obstrue d'une façon si désagréable l'accès des Thermes par la rue de *César*, et qu'il aurait été si facile d'exproprier alors qu'elle ne représentait qu'une valeur très modique? Comment se fait-il qu'une autre maison, construite il n'y a guère qu'un an, ait un corps avancé qui occupe la moitié de la rue de l'Église et qui est un encombrement pour la voie publique, sans bénéfice bien apparent pour le propriétaire? J'ai cherché à le savoir ; la ville prétend que c'est parce que le propriétaire avait des prétentions exagérées, le propriétaire soutient que c'est la ville qui n'a pas voulu consentir à une indemnité suffisante. L'un et l'autre ont peut-être un peu raison ; mais est-ce qu'il n'y avait pas à Cauterets, comme partout, le moyen bien simple du recours au jury d'expropriation?

Cauterets se plaint de n'avoir que des ressources insuffisantes, et la plainte n'est que trop fondée. Mais pourquoi négliger de petits produits qui ont été indiqués comme facilement réalisables par plusieurs personnes et notamment par M. Broca fils, dont le court passage à la tête de l'administration municipale a vivement fait regretter que son zèle se soit si tôt découragé? Ainsi, pourquoi ne pas percevoir un droit de plaçage sur la place du marché, comme cela se fait partout ; pourquoi ne pas affermer le droit de louer des chaises sur la promenade du Mamelon-Vert? Pourquoi, lorsque les guides réunis de Cauterets ont proposé des journées de prestations supplémentaires pour rendre le Mont-Né d'un accès plus facile et en faire une des plus intéressantes promenades des Pyrénées, ne s'être pas empressé d'accepter cette offre? — Ces pourquoi, nous pourrions beaucoup les multiplier, sans espérer une réponse satisfaisante.

Il est vrai que, pour ce qui concerne les chemins de montagne, aux environs de Cauterets, dont on s'occupe si peu et qu'il serait si facile de créer ou de mieux entretenir, on rencontre cette éternelle impasse de la Ville et de la Vallée s'incriminant réciproquement et se renvoyant de l'une à l'autre la responsabilité de la plus déplorablei nertie·

Mais si l'on est en droit d'adresser des reproches à l'administration de Cauterets, l'administration syndicale en mérite bien plus encore. Il est vrai, et nous l'avons déjà dit, que ces reproches doivent bien plus s'adresser à l'institution qu'aux personnes, et qu'on ne peut guère demander à une commission composée de sept membres, dont cinq ou six sont de braves paysans, bien plus occupés de leurs foins et de leurs maïs que des questions hydrothermales auxquelles ils ne comprennent pas grand'chose, qu'on ne peut guère demander à ces hommes de faire beaucoup plus qu'ils ne font pour des intérêts qui ne sont pas les leurs et qui ne leur semblent guère davantage ceux des communes qu'ils représentent.

Qu'il nous soit permis cependant de rappeler les réflexions que publiait, à ce sujet, il y a deux ans, M. Broca fils, alors maire provisoire de Cauterets, et de nous associer à la juste sévérité avec laquelle il s'est élevé contre ces fouilles dont nous avons déjà parlé, fouilles dispendieuses et inopportunes, faites dans un sentiment de mesquine rivalité. N'oublions pas non plus cette singulière fantaisie de la commission syndicale qui, n'ayant pas 500 fr. à dépenser par an pour améliorer et entretenir la route qui conduit au lac de Gaube, a su en dépenser dix mille pour faire construire au bord de ce lac une auberge qu'elle loue... pour rien, afin de se donner la satisfaction de ruiner le petit établissement qui jusque-là avait largement suffi aux besoins des voyageurs.

Parlons aussi de quelques autres détails appelant des réformes auxquelles il serait facile de pourvoir immédiatement et indépendamment de celle qui domine toutes les autres, le changement complet du mode d'exploitation. Il nous a fallu six ans d'incessantes réclamations pour obtenir que le linge de bain fût fourni par les établissements, et ce succès, quelque tardif qu'il soit, prouve qu'il ne faut désespérer de rien.

On se plaint beaucoup, et malheureusement avec trop de raison, du prix fort élevé du traitement thermal. Pour peu que l'affection pour laquelle on fait usage des eaux soit complexe, ce qui se présente souvent à Cauterets, si par exemple on a simultanément une angine granuleuse et un rhumatisme, le traitement thermal *seul* dépasse facilement *cinq* francs par jour. En voici le calcul :

Bain	1 f. 50 c.
Douche.	1 25
Salle de pulvérisation . . .	1 25
Boisson.	» 20
Omnibus	» 70
Total.	4 90

Ainsi, voilà cinq francs qu'il faut payer sans manger, mais non sans boire, et cela sans compter les *pour-boire* qui n'ont jamais été aussi obligatoires que depuis qu'ils ont été soi-disant supprimés, car c'est sous ce prétexte que les bains ont été successivement portés de 1 fr. à 1 fr. 25 et à 1 fr. 50.

Ces prix nous semblent donc exagérés, et ils auraient besoin d'être notablement réduits ; il ne faut pas oublier l'apologue de *la Poule aux œufs d'or*.

Il y a une foule d'autres détails qui, dans le service de nos établissements, laissent beaucoup à désirer, au sujet desquels nous recevons de fréquentes réclamations et sommes obligés de déclarer notre complète impuissance. Ainsi nous avons souvent demandé qu'à la place de l'agent, qu'on appelle le contrôleur, qui ne contrôle rien et ne fait rien, il y eût au grand établissement de *César* un *baigneur-chef* qui tînt note des prescriptions des médecins, les fit ponctuellement exécuter, et que l'on confiât ce poste à quelque baigneur émérite des Néothermes ou d'Aix en Savoie, afin d'introduire à Cauterets la *haute école* de l'art du baigneur, comprenant les douches diverses, le *massage*, etc., choses qui, chez nous, sont encore dans l'enfance ou complétement inconnues.

Un détail qui semblerait incroyable s'il n'était pas malheureusement trop vrai, c'est que Cauterets est le seul établissement thermal des Pyrénées où il n'y ait pas de chaises à porteur fermées. Il y en avait autrefois, mais, depuis plus de trente ans, on les a supprimées, sous le prétexte qu'elles étaient trop lourdes, comme s'il n'y avait pas possibilité d'en faire de plus légères ; et depuis ce temps-là on est réduit aux misérables chaises ouvertes dont nous possédons l'invariable modèle, et qui n'offrent au malade qu'un abri incommode et très insuffisant.

Si, des détails qui concernent plus spécialement les classes de la société pour lesquelles le bien-être et le comfort sont une nécessité, nous passons à l'examen d'une question qui intéresse surtout les malheureux, nous trouverons encore de bien plus justes sujets de plaintes.

L'application de l'assistance publique aux établissements thermaux a sérieusement préoccupé, depuis quelques années, l'administration supérieure, et n'a malheureusement reçu, jusqu'à ce jour, aucune solution satisfaisante. Mais nous ne croyons pas qu'il y ait dans les Pyrénées d'établissement où les choses soient, à cet égard, dans un plus triste état qu'à Cauterets. Dans une maison particulière, et par voie d'adjudication, il y a quelques lits destinés à un petit nombre de malades, parmi ceux qui sont envoyés à Cauterets pour faire usage des eaux à titre d'indigents et avec subvention des départements. Il y a quatre ans, à propos d'une quête que l'Évêque de ce diocèse était venu faire à Cauterets, dans le but d'achever la construction et l'aménagemeut de l'hôpital dont Barèges lui doit l'utile fondation, nous avions pris la liberté de signaler à la pieuse sollicitude du vénérable prélat et à l'attention de l'administration notre triste situation. Un fait qui venait de se passer et que nous crûmes devoir publier nous enoffrait la preuve trop éloquente. Un pauvre ouvrier qui avait amassé à grand'peine quelques petites économies pour faire prendre les eaux de Cauterets à son fils atteint d'une affection grave de la poitrine, tomba lui-même malade, et le logement qu'il occupait en commun avec deux autres personnes devint insuffisant. Je songeai àplacer lepère et le fils, en payant, dans la maison dont je viens de parler et où étaient hospitalisés les indigents, à raison de 90 centimes par jour ; il y avait de la place, mais on m'objecta que mes malades *n'ayant pas de papiers*, on n'était pas obligé de les recevoir, et qu'ils étaient *trop malades* pour qu'on voulût les prendre à l'amiable et à prix débattu.... Après beaucoup de recherches inutiles, et avec des peines infinies, je pus trouver une misérable chambre avec deux lits dont un seul avait un matelas, l'autre n'avait qu'une paillasse, et au prix de *deux francs* par jour. Je signalai ce fait au maire de Cauterets en lui demandant de faire inscrire, à la prochaine adjudication, dans le cahier des charges, l'obligation de recevoir les hospitalisés volontaires au même prix que les indigents *officiels*, lorsqu'il y aurait de la place. Non seulement on n'a donné aucune suite à cette demande, mais lorsque l'adjudication a été renouvelée on a complétement supprimé ce trop modeste service hospitalier, du 15 juin au 1er septembre, et ce n'est qu'en dehors de ces limites que les indigents peuvent être admis à l'usage gratuit des eaux et reçus dans une maison où il n'y a qu'une vingtaine de lits, si nous pouvons donner ce nom à des matelas que l'on étend à terre pour coucher jusqu'à six personnes par chambre.

Si, dans la question que nous venons d'indiquer, les lois de la philanthropie ne nous semblent pas suffisamment respectées, voici un autre détail où elles nous semblent exagérées ou mal comprises.

L'industrie des musiciens ambulants, qui a souvent été traitée avec raison par M. le Préfet de police, à Paris, comme un *art insalubre*, ces pléïades de joueurs d'orgues, si bien appelés *de Barbarie*, de joueurs d'instruments de toute espèce, aveugles ou non, qui ont un goût tout particulier pour les établissements thermaux, envahissent Cauterets, à la saison des eaux, dans des proportions vraiment effrayantes. Nous en avons compté récemment quinze à la fois qui nous assourdissaient de leurs concerts discordants et qui nous ont souvent rendu impossible l'examen des malades et surtout l'auscultation. Nous nous en sommes plusieurs fois plaint au maire de Cauterets qui nous a répondu : « Il faut bien que tout le monde vive, et puis M. le Sous-Préfet l'a permis. » Nous avouons humblement que ces deux raisons ne nous ont pas suffisamment édifié et que nous persistons à regarder cet abus comme particulièrement intolérable au milieu d'un population de malades.

Nous voudrions aussi, car il faut bien être de son temps, que l'administration syndicale, chargée de veiller aux intérêts des eaux de Cauterets, fît quelquefois d'intelligents appels à cette puissance moderne qui s'appelle *la Publicité*. Cauterets a trop ressemblé, jusqu'à présent, à ces femmes vertueuses jusqu'à la pruderie, qui craignent qu'on parle d'elles, même en bien. On nous a bien dit qu'une modique somme avait été consacrée, cette année, à cet objet, et qu'on l'avait employée à faire placarder dans quelques villes de grandes affiches annonçant le mode de transport pour les quatre principaux établissements thermaux des Hautes-Pyrénées, Cauterets, Bagnères, Barèges et Saint-Sauveur ; nous avions attribué l'idée aux entrepreneurs de diligences, et, si l'intention est bonne, l'application ne nous semble pas heureuse.

Maintenant, qu'il nous soit permis de toucher à une question délicate et essentielle cependant pour ce qui concerne les établissements thermaux de Cauterets ; nous le ferons avec la modération, mais aussi avec la sincérité dont nous tenons à ne pas nous départir dans cette revue sommaire.

Les réclamations, les plaintes des malades, souvent trop fondées, aboutissent naturellement à leurs médecins auxquels, par une pensée assez naturelle, ils supposent le pouvoir d'améliorer, dans une certaine mesure, ce qui leur semble défectueux.

Eh ! bien, il est bon qu'on le sache, nous sommes, à cet

égard, réduits à une impuissance à peu près complète. Pour les travaux qui se sont faits depuis quelques années dans nos établissements thermaux, pour ceux qui sont en projet, pas plus la commission syndicale que l'administration départementale, n'ont eu la pensée de consulter les médecins de Cauterets. Nous pouvons même dire que l'administration départementale met une espèce d'affectation à n'avoir de rapports qu'avec la *médecine officielle*. Or, il y a dans ce moment à Cauterets huit médecins, il y en a eu davantage. Sur ces huit médecins, il n'y en a qu'un qui ait un caractère officiel; l'inspecteur adjoint a facilement démontré, dans une circonstance dont nous avons gardé le souvenir, qu'on ne pouvait pas lui attribuer ce caractère, puisqu'il n'avait jamais été, ni officiellement, ni même officieusement, consulté par l'administration. On peut donc affirmer, en ne faisant que de l'arithmétique et sans rien dire de désobligeant pour personne, que les sept huitièmes de la médecine sont faits, à Cauterets, par les médecins non officiels et que cette considération vaudrait bien la peine qu'on leur demandât quelquefois leur avis. Car enfin la médecine officielle peut bien avoir de l'esprit comme quatre, mais elle n'en a pas comme huit, et dans des questions qui engagent l'avenir, dans des travaux dispendieux et tout spéciaux, on ne saurait s'entourer de trop de lumières, et il serait bon de consulter quelquefois ceux qui doivent conseiller et diriger l'application.

C'est ainsi qu'on avait procédé, il y a une vingtaine d'années, pour un établissement qui pourrait à beaucoup de titres, dans les Pyrénées, servir de modèle. Lorsque, grâce à l'active impulsion d'un préfet intelligent, la commune de Luchon songea à sortir de l'ornière où elle végétait depuis trop longtemps et à faire construire un établissement digne de la richesse de ses sources, sous l'empire des idées que nous venons d'indiquer, le préfet du département nomma une commission scientifique dont faisaient partie, à côté d'un ingénieur des mines et d'un architecte, trois médecins de Luchon et le plus célèbre des médecins de Toulouse, à cette époque, le docteur Viguerie.

Nous pouvons affirmer que cet exemple, bon à suivre, a été plusieurs fois rappelé à M. le préfet des Hautes-Pyrénées, et qu'il lui a été spécialement demandé par M. l'ingénieur François et par nous-même d'établir un *question - naire*, comprenant la nomenclature sommaire des conditions dans lesquelles devraient se faire les travaux à exécuter pour les eaux de Cauterets, et les indications de chacun, sur lesquelles il serait définitivement statué, après examen, par des gens compétents.

On s'est bien gardé d'en agir ainsi, et voici un petit détail récent qui peut à la fois servir de spécimen et d'enseignement.

En conduisant les sources des *OEufs* jusqu'au pont de Benquès pour étudier l'importante question de savoir si c'est à ce point que devra être construit l'établissement destiné à les recevoir, ou si on pourra les conduire jusqu'à Cauterets même, on a profité de l'occasion pour amener au même point la source de Mahourat et y établir une nouvelle buvette d'un accès moins pénible que l'ancienne. Mais là il se présentait une question intéressante, celle de savoir s'il était nécessaire, au point de vue de son application, de conserver à cette source sa température naturelle. Il paraît que la question a d'abord été résolue affirmativement, car on a fait de savants essais sur les matériaux à employer comme les plus mauvais conducteurs du calorique et l'on a préféré le béton au charbon pilé. Aussi la source a-t-elle perdu trois degrés de température dans son court trajet; il est vrai que l'agent chargé de l'exécution des travaux, au zèle intelligent duquel nous nous plaisons à rendre justice, l'excellent M. Balagnas, écho sans doute d'une opinion venue de plus haut, nous a dit que l'eau ayant perdu de sa température serait meilleure. Comme la médecine nous paraît *étrangère à l'événement*, il ne nous reste qu'à nous incliner.

Mais il y a une chose devant laquelle nous nous inclinerons moins volontiers, nous voulons parler du règlement de 1858, par lequel M. le préfet des Hautes-Pyrénées a interdit à tout médecin ou pharmacien, sans exception pour ceux de Cauterets, de faire l'analyse des eaux sans une permission émanée de lui, du sous-préfet ou du médecin inspecteur. Il y a vingt ans que nous faisons la médecine des eaux, nous avons été pendant quatorze ans médecin inspecteur, nous avons fait une étude assez complète de la législation qui régit les établissements thermaux, et nous ne craignons pas d'affirmer que, dans aucune localité thermale de France, il n'existe de pareilles dispositions réglementaires, que jamais on n'a songé à apporter la moindre entrave à la liberté permanente de l'examen des eaux, condition indispensable au progrès de la science et à l'exercice de la médecine thermale.

Nous regrettons qu'une pareille mesure ait été prise par un administrateur comme M. Massy, à l'intelligence et à la courtoisie duquel nous nous sommes toujours plu à rendre justice. Il faut que sa religion ait été égarée pour que, prenant parti dans des misères professionnelles auxquelles l'administration devrait toujours rester étrangère, il nous ait laissé pour adieux un règlement dont nous aurions aimé à voir son successeur répudier l'héritage.

S'il était besoin, en faisant ces réflexions qui ne nous sont inspirées que par le sentiment de nos droits et de notre dignité professionnels, de démontrer qu'un médecin d'eaux minérales doit toujours pouvoir constater, en toute liberté et sans autre entrave que les exigences du service, les conditions de l'agent médicinal qu'il emploie, un fait

que nous tenons à citer en fournirait l'éclatante démons-
tration.

Lorsque nous avons commencé à appliquer les eaux de
Cauterets, nous avons tenu pour vrai ce qu'avaient dit
nos devanciers des qualités respectives et différentielles
des diverses sources et, sur la foi des traités... d'eaux
minérales, nous les appliquions en conséquence.

L'une de ces sources, celle de *Bruzaud*, était regardée
comme une eau sulfureuse dégénérée, devenue simplement
une eau alcaline et pouvant rendre de grands services
dans des cas où les eaux sulfureuses ne pourraient pas être
supportées. C'était là l'opinion développée par Orfila dans
son article sur Cauterets du dictionnaire de médecine en
30 volumes, et nous aurions été d'autant plus fondé à
croire qu'il en était toujours ainsi, que deux de nos collègues, dans de récents travaux, l'avaient de nouveau
affirmé.

En effet, l'un d'eux, né au milieu de nos sources, dans
un travail publié, en 1856, par un journal appelé l'*Étoile
des Pyrénées* (qui ne fut hélas! qu'une étoile filante),
faisait un grand éloge de la source de Bruzaud, dite aussi
de *Canarie* et *fontaine d'Amour*; il en vantait les effets
et, citant l'opinion d'Orfila, les expliquait par l'alcalinité
de l'eau et concluait en disant que, telle qu'elle était, l'eau
de Bruzand était une des plus indispensable de Cauterets
et qu'elle *faisait merveille* là où les eaux fortement sul-
furées n'avaient pu être supportées.

Deux ans après, en 1858, un autre de nos confrères,
dans un ospuscule qui avait pour but, un peu ambitieux
peut-être, d'être à la fois le *Guide du médecin et du malade*,
reproduisait cette appréciation de l'eau Bruzaud (c'est si
commode de reproduire!) et disait que « en raison des
modifications qu'elle a subies, cette eau sert admirablement
à tempérer l'action trop vive de quelques autres sources,

qu'elle convient aux individus d'un tempérament nerveux et irritable, etc. »

Eh ! bien, en 1856 comme en 1858, cet éloge de l'eau de Bruzaud, qui jadis pouvait être mérité, n'était plus qu'un éloge funèbre... l'eau de Bruzaud avait disparu depuis 1854 !

Cette erreur pour laquelle (bien que nous ne l'ayons pas publiée), nous aurions d'autant plus mauvaise grâce à nous montrer trop sévère que, pendant quelque temps, elle a été la nôtre, il y a longtemps déjà que nous en sommes revenu. Voulant employer, nous aussi, l'eau de Bruzaud, comme convenant à quelques états inflammatoires aux-quels ne convenaient pas les autres eaux, nous obtînmes des résultats tout à fait opposés à ceux que nous cherchions ; nous eûmes la pensée de constater par la sulfhydrométrie la composition de cette eau, nous n'avions pas alors besoin de permission pour cela, et nous trouvâmes une sulfuration identiquement égale à celle de la source des *Espagnols*. C'est qu'en effet c'était bien la source des *Espagnols* dont on avait dévié un filet pour remplacer Bruzaud qui n'était plus...

Mais comment avait donc disparu cette nymphe de la fontaine d'Amour ?... M. l'ingénieur François prétend que c'est la faute du tremblement de terre de 1854, d'autres en accusent les fouilles faites par M. François vers cette époque, M. Réveil, dans un travail récent, a l'air d'accep-ter les deux hypothèses...

Non tantas licet inter nos componere lites.

Toujours est-il que la source de Bruzaud n'existe plus depuis sept ans. En constatant ce fait, nous avons voulu prémunir les malades, et peut-être quelques médecins, contre une erreur qui a encore cours, et démontrer par un exemple combien il serait fâcheux d'apporter la moindre entrave aux expériences que les médecins qui appliquent les eaux, avec ou sans le caractère officiel, ont souvent besoin de faire avec promptitude et liberté (1).

Pour résumer ces rapides observations, sous forme de conclusion, nous demandons :

Qu'on s'occupe sans retard de mettre fin à l'administration stérile de la commission syndicale ; ·

Que l'on fasse un nouvel appel à l'industrie privée, sous forme d'une compagnie fermière, avec la subvention départementale, à titre de prime, dont le conseil général à plusieurs fois voté le principe.

Que, si personne ne se présente, il y ait expropriation amiable au bénéfice de la commune de Cauterets, administrant seule et payant une redevance annuelle aux communes co-propriétaires.

Qu'en attendant l'une ou l'autre de ces solutions, l'administration syndicale et l'administration municipale de Cauterets veuillent bien, chacune en ce qui la concerne, s'occuper des quelques détails sur lesquels nous avons appelé leur attention.

Enfin que, lorsqu'il s'agit de résoudre des problèmes techniques, concernant l'aménagement des eaux minérales, la construction des établissements, la disposition des appareils qui doivent les recevoir, on daigne, à titre de simple renseignement, demander l'humble avis de tous les médecins qui les appliquent et qu'on fasse promptement disparaître les prohibitions réglementaires que nous avons signalées et que nous regardons comme une atteinte à la dignité et à la liberté de notre profession.

(1) S'il était besoin d'insister sur cette question surabondamment démontrée, nous pourrions citer encore de regrettables variations de température et de sulfuration qui se produisent à la Raillère et à César, par le fonctionnement vicieux des réservoirs et que nous avons eu plusieurs fois l'occasion de constater.

PARIS. — IMPRIMERIE FÉLIX MALTESTE ET Cᴵᴱ,

RUE DES DEUX-PORTES-SAINT-SAUVEUR, 22.